熊是如何冬眠的

[英]卡洛琳·富兰克林◎著

[英]卡洛琳·富兰克林◎绘

岑艺璇◎译

吉林科学技术出版社

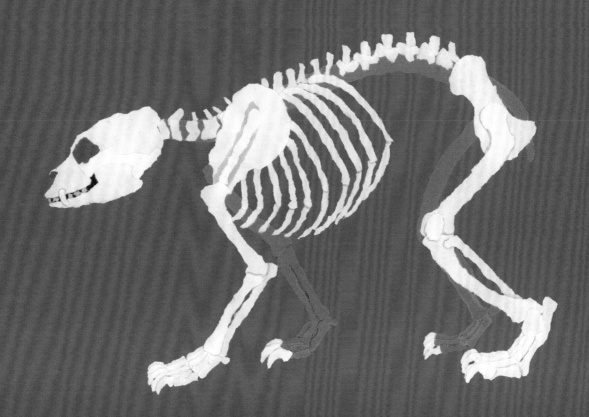

目 录

什么是熊？

熊 是哺乳动物，它有一个大大的、毛茸茸的身体，四肢强壮，走路时脚掌平放在地面上。熊主要分布在欧洲、亚洲、北美洲和南美洲的部分地区。熊的适应能力很强，可以在沼泽、草原、森林或山林等不同的栖息地生活。

北美熊

大声吼叫

有力的牙齿

熊在晚上睡觉，它们在早上和傍晚出来觅食。

身上长着又长又厚的毛

长长的爪子方便撕开猎物、挖洞及攀爬

走路时脚掌平放在地面上

熊如何生存?

熊 大多数时候独自生活，只有到了交配的时候，公熊才会去找母熊。

公熊通常比母熊块头大

母熊

幼崽

熊宝宝需要在母亲肚子里生长7~8个月的时间才会出生，幼崽出生后靠喝母亲的奶长大。当它们长到6~8个月大时，它们便可以和母亲吃一样的食物了。母熊会陪着她的幼崽们一起生活，直到幼崽成年。

7

熊吃什么？

熊是杂食动物，它们主要吃叶子、浆果、水果和坚果，它们还以昆虫和蜂蜜为食，有时它们会捕食啮齿类动物和鱼类。

在春季要结束的时候，熊忙于寻找食物。在这个季节，因为植物的叶子变得又老又硬，所以熊转而吃蚁蛹，它们扒开枯树的树干，找到生活在里面蚂蚁的蛹。

吃蚁蛹

大声地啜喝

9

熊为什么冬眠?

当天气很冷，几乎没有食物可吃时，一些熊会选择在冬天的大部分时间或全部时间里睡觉，这被称为冬眠。

在冬眠之前，它们会吃很多食物并且变得很胖，这样它们的身体会储存很多脂肪作为能量，并使它们的身体保持所需的体温。

在冬季，只有生活在北美最寒冷地区的熊需要在整个冬天都冬眠，而有些熊只在非常冷的那段时间内冬眠，身处温暖的南方的熊根本不冬眠。

榛子是熊的最爱。

嘎吱嘎吱

正在吃榛子

熊、刺猬、松鼠和蝙蝠都属于冬眠的动物。

11

水花飞溅

长长的爪子

它们每天最多可以吃掉15条大马哈
鱼，有些鱼甚至有1.5米长！

12

熊是怎样为冬眠做准备的呢？

北方的熊用半年的时间为它们的冬眠做准备，另外半年都在冬眠。它们几乎什么食物都吃，进食量将根据冬眠时间长短来定。

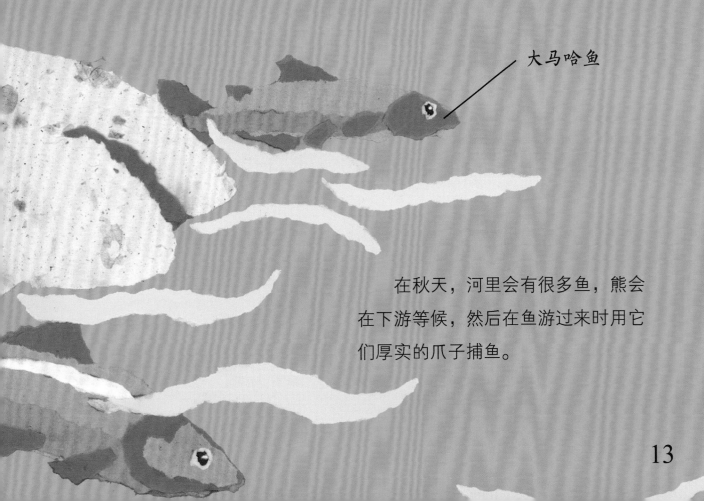

大马哈鱼

在秋天，河里会有很多鱼，熊会在下游等候，然后在鱼游过来时用它们厚实的爪子捕鱼。

秋天的树叶

熊什么时候冬眠?

9月后，天气变得越来越冷，熊很难找到食物。它们的体重开始变轻，这时候就需要找到一个安全的冬眠之地了。

熊非常擅长爬树，它
们会爬到树枝顶端搜寻最
后的几个浆果。

大声咀嚼

15

熊冬眠的巢穴是什么样子的？

巢穴是熊可以安全地躲在里面冬眠的庇护所。熊的巢穴一般会选择在山洞或树洞内，有时，熊也会自己挖个巢穴。

熊把巢穴里的树叶、草和树枝耙成碎片，使它睡在里面温暖而舒适。

巢穴洞口的大小只要足以让熊进入就行，如果洞口太大，熊的后背可能露在巢穴外面，易被冰雪所覆盖。

熊的后背

17

熊妈妈通常有2~3只幼崽。

熊妈妈会蜷成一个球，用她身体的热度使幼崽保持温暖。

熊冬眠时是在睡觉吗?

是在睡觉。刚开始冬眠时，熊会进入浅睡眠，在12月期间，因为天气变得更冷，所以熊进入更深的睡眠，它们的心率减慢，呼吸也变慢。

在冬眠期间，成年熊不吃、不喝、不运动，甚至不大小便。

熊什么时候苏醒过来？

在初春，随着冰雪的融化，熊的冬眠也结束了。公熊第一个离开它们的巢穴，熊妈妈和它们的幼崽随后离开。对于饥饿的熊来说，初春可供食用的食物太少了，它们主要靠吃柳絮维持生命。

树叶开始生长

到了春末，树木被新叶覆盖，地上也长出了新鲜的草，熊可吃的东西也多了起来。

新长的树叶

冰雪开始融化

熊妈妈和幼崽离开巢穴

天气仍然很冷，熊妈妈经常会将幼崽放在自己的背上以保持幼崽的体温，她还会向幼崽呼出热气，给它们取暖。

呼哧声

苔藓

熊可怕吗?

熊 很少攻击人类,如果一个人靠近熊妈妈,它很可能会逃跑而把幼崽丢在后面。有时熊会靠近人们居住的地方或露营地寻找丢弃的食物残渣。

不要将垃圾丢到附近
经常有熊出没的地方

生活在有熊出没地方的人们永远
不要把食物丢到熊可以找到的地方。
对熊来说，大自然才是它们的家，远
离城镇反倒会更安全，因为人们可能
会猎杀它们。

熊一年的时间安排

在夏天和初秋，熊会吃掉很多食物，这些食物以脂肪的形式储存在它们的身体内。

到了9月，熊会寻找一个安全的地方来冬眠，它们也可能需要自己挖一个巢穴。

冬天，开始下雪后，熊进入轻微睡眠，冬眠开始了。

到了深冬，熊会完全冬眠。

冬眠仍在继续，熊妈妈在照顾它的幼崽。

春季到来，熊醒来并离开它们的巢穴。

与熊有关的
一些知识

1. 大多数熊都有很好的嗅觉，但视力不是很好。

2. 熊可以跑得很快，速度可达每小时56千米！

3. 通常，熊的寿命约是18年，较长寿的可以活到25岁。

4. 几乎每年，熊都会使用不同的巢穴进行冬眠。

5. 熊能够游泳和爬树。

6. 熊从鼻子到尾巴长1.2~2.1米。

7. 公熊的体重为57～267千克，具体取决于一年中所处的时间。

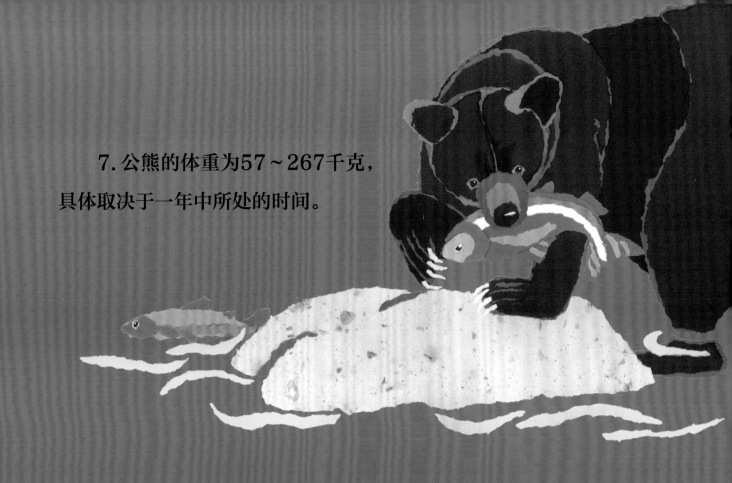

8. 在夏季的7月和8月，熊每周可以增加多达14千克的体重！

做做看
比一比

1. 一只熊幼崽出生时重约227克。

2. 在3岁半时，熊进入成年。

3. 一只3岁大的熊重约20千克。

4. 一只成年熊有42颗牙齿。

5. 一只成年熊奔跑的速度可以达到56千米/时。

6. 熊的心脏每分钟跳动40次。

列出一份清单，写上问题和答案

1. 你出生时有多重？

2. 你成年时是几岁？

3. 你3岁时有多重？

4. 你有多少颗牙齿？

5. 你能跑多快？

6. 测一下你的心跳，看看你的心脏每分钟跳多少次？

把你和熊的数值做一下比较

熊的分类

体形最小的熊是马来熊，最大的是北极熊，还有其他一些类型的熊，如大熊猫、眼镜熊和印度懒熊。

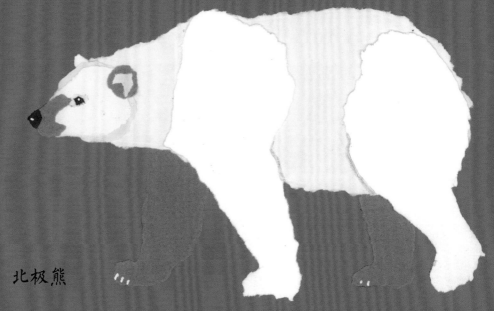

北极熊

大熊猫

马来熊

眼镜熊

印度懒熊

吉林省版权局著作合同登记号：
图字　07-2020-0060

图书在版编目（CIP）数据

熊是如何冬眠的 / （英）卡洛琳·富兰克林著 ； 岑
艺璇译. -- 长春：吉林科学技术出版社，2021.8
　　ISBN 978-7-5578-8091-0

　　Ⅰ．①熊… Ⅱ．①卡… ②岑… Ⅲ．①熊科—儿童读
物 Ⅳ．①Q959.838-49

中国版本图书馆CIP数据核字(2021)第103227号

熊是如何冬眠的
XIONG SHI RUHE DONGMIAN DE

著　　者　［英]卡洛琳·富兰克林
绘　　者　［英]卡洛琳·富兰克林
译　　者　岑艺璇
出 版 人　宛　霞
责任编辑　杨超然
封面设计　长春美印图文设计有限公司
制　　版　长春美印图文设计有限公司
幅面尺寸　210 mm×280 mm
开　　本　16
印　　张　2
页　　数　32
字　　数　25千字
印　　数　1-6 000册
版　　次　2021年8月第1版
印　　次　2021年8月第1次印刷

出　　版　吉林科学技术出版社
发　　行　吉林科学技术出版社
地　　址　长春市福祉大路5788号
邮　　编　130118
发行部电话/传真　0431-81629529　81629530　81629531
　　　　　　　　　　 81629532　81629533　81629534
储运部电话　0431-86059116
编辑部电话　0431-81629518
印　　刷　吉广控股有限公司

书　　号　ISBN 978-7-5578-8091-0
定　　价　22.00元